AF245893

L'OZONE

SON EMPLOI DANS LE TRAITEMENT

DE

'ANÉMIE

ET DE LA

TUBERCULOSE

SAINT-RAPHAËL

IMPRIMERIE VICTOR CHAILAN

Rue Charles-Gounod

—

1891

L'OZONE

SON EMPLOI DANS LE TRAITEMENT

DE

L'ANÉMIE

ET DE LA

TUBERCULOSE

SAINT-RAPHAEL

IMPRIMERIE VICTOR CHAILAN

Rue Charles-Gounod

—

1891

L'OZONE

SON EMPLOI DANS LE TRAITEMENT

DE

L'ANÉMIE & DE LA TUBERCULOSE.

Depuis quatre ans des expériences sont entreprises dans le but de déterminer l'action curative de l'ozone sur les malades profondément débilités par l'anémie et la tuberculose.

L'ozone a été découvert en 1840 par Schoënbein, qui le considéra comme de l'oxygène polarisé négativement, admettant en outre l'existence d'un autre oxygène actif , l'antozone , polarisé positivement. Williamson a émis l'opinion que l'ozone est du peroxyde d'hydrogène en vapeur. Ces idées n'ont plus aujourd'hui qu'un intérêt purement historique. Les travaux récents de MM. Becquerel et Frémy, Marigny, de la Rive, Andrews et Tait, Soret, etc. ont démontré que l'ozone n'est autre chose qu'une modification allotropique de l'oxygène : la molécule d'ozone renferme trois atomes d'oxygène, tandis que la molécule d'oxygène n'en renferme que deux.

C'est un gaz d'une odeur toute particulière, très

peu stable, possédant un pouvoir oxydant, énergique, et coloré en bleu sous une grande épaisseur; cette coloration peut s'observer dans un tube de deux mètres de longueur, fermé par des glaces et dans lequel on fait arriver de l'oxygène sorti de l'appareil à effluves.

L'ozone existe dans l'atmosphère en quantités infinitésimales, mais généralement plus abondantes dans les hautes altitudes ; c'est surtout à sa présence qu'on a attribué les effets bienfaisants observés sur les tuberculeux envoyés en résidence sur les hauts plateaux de l'*Engadine* et de *Davos* en Suisse.

Il était naturel qu'on songeât à utiliser l'action de l'ozone sur certaines maladies, caractérisées par un appauvrissement très marqué du sang; cette action devait vraisemblablement être beaucoup plus puissante dans l'organisme humain que celle de l'oxygène pur, dont l'emploi a été si généralisé dans ces dernières années pour la guérison de certaines affections.

Mais, en recherchant cette utilisation, on se heurtait à diverses difficultés. La principale et la plus grave était la réputation de nocuité attribuée à l'ozone. Tous les savants, chimistes ou médecins, qui avaient étudié son action sur l'organisme : Schoënbein, Scouttentten, Bœckel, Claude Bernard, Thénard, Houzeau, étaient unanimes à reconnaître qu'on ne saurait impunément soumettre pendant longtemps un homme, même bien portant, aux émanations d'ozone.

Les études entreprises par le Dr Donatien Labbé, qui le premier eut la pensée de rechercher les causes de ces phénomènes dans la défectuosité des procédés employés pour la préparation de ce gaz, ont été pleinement couronnées de succès. Il a pu démontrer que les phénomènes toxiques observés chez les hommes ou chez les animaux soumis pendant un certain temps aux aspirations d'ozone étaient dus à des gaz étrangers, produits par les procédés défectueux de fabrication : acide phosphoreux ou composés nitreux (1). C'est ce qu'il s'efforça de démontrer en adressant à l'Académie de médecine, en 1888, un pli cacheté dans lequel il donnait des arguments et des preuves absolument convainquants à l'appui de sa thèse.

Grâce à l'emploi d'appareils entièrement nouveaux, imaginés par M. le Dr Donatien Labbé, et perfectionnés par M. le Dr Oudin, ces praticiens sont parvenus à fabriquer de l'ozone absolument pur. Ce résultat obtenu, ils ont pu faire absorber par des malades atteints d'anémie et de tuberculose des quantités relativement considérables de ce gaz.

Les expériences ainsi commencées par M. le Dr Donatien Labbé avec M. le Dr Hellet, continuées avec le concours de M. le Dr Oudin, reprises par M. le Dr Desnos à l'hôpital de la Charité, ont donné des résultats vraiment merveilleux. On a vu des anémiques, des tuberculeux au premier et au second degré, reprendre en quelques semaines toutes les apparences de la santé, leurs forces

---

(1) « De l'Ozone », Aperçu physiologique et thérapeutique, par M. le Dr Labbé.— Paris, Asselin et Houzeau. 1889.

revenir, leur appétit renaître, leur poids s'accroître de 5 à 6 kilogrammes, leur oxyhémoglobine passer de 6 o/o à 10 1/2 o/o, les phénomènes pathologiques disparaître.

Ces résultats étaient généralement obtenus sur des malades pauvres, ne pouvant pas suivre une hygiène appropriée à leur état, vivant à Paris, c'est-à-dire dans des conditions climatologiques peu propres, en hiver surtout, à coopérer à leur guérison.

On a eu la pensée que les guérisons seraient plus nombreuses et plus complètes si l'on appliquait ce nouveau mode thérapeutique dans des conditions plus satisfaisantes au point de vue du climat. On a choisi à cet effet la ville de Saint-Raphaël qui, au point de vue de la salubrité, de la pureté absolue de l'air, offre tous les avantages désirables.

Saint-Raphaël, station hivernale située, entre Hyères et Cannes, sur les bords de la Méditerranée, au fond du golfe de Fréjus et au pied des montagnes porphyriques de l'Estérel, est entouré d'une ceinture de forêts d'arbres résineux et d'arbustes aromatiques; son climat d'une douceur reconnue (¹), ses annexes de Valescure et Boulerie offrent des conditions tout à fait exceptionnelles d'abri et d'égalité de température. Enfin, un Hospice récemment créé, grâce à l'appui de généreux donateurs, permettait de réunir

---

(1) « La Station hivernale de Saint-Raphaël », par M. le Dʳ Niepce.

« Notice sur le climat de Fréjus et de Saint-Raphaël », par M. le Dʳ Mireur.

« Du climat de Saint-Raphaël, Boulouris et Valescure », par M. le Dʳ Serrand.

« Saint-Raphaël et Valescure », par M. le Dʳ Constantin James.

des malades pouvant donner lieu à des observations intéressantes et variées.

Il fut donc décidé que des expériences définitives seraient entreprises à l'Hospice de Saint-Raphaël sous la haute direction de MM. les docteurs Donatien Labbé et Oudin et à l'aide de leurs appareils. Commencées au mois de juin dernier, sous la direction de M. le Dʳ Bontems, avec le concours de M. le Dʳ Lagrange et de M. le comte d'Harcourt qui voulut bien leur prêter son expérience consommée d'Ingénieur électricien, elles ont confirmé de la façon la plus complète et la plus absolue les résultats obtenus antérieurement, à Paris, par MM. les docteurs D. Labbé, Hellet, Oudin et Desnos.

Ces observations qui viennent confirmer d'une manière si éclatante les prévisions de ces éminents praticiens, ont été résumées dans un mémoire présenté par M. le Dʳ Bontems, au Congrès de l'*Association française pour l'avancement des Sciences*, réuni à Marseille. Les membres de ce Congrès ont tenu à se rendre à Saint-Raphaël pour vérifier *de visu* la valeur des résultats signalés.

C'est à la suite de cette longue et laborieuse instruction, que les initiateurs de l'expérience définitive faite à l'hospice de Saint-Raphaël ont décidé la création d'un établissement, pouvant traiter par jour plus de quatre cents malades, et dans lequel se trouveront réunies les installations les plus complètes, les plus perfectionnées, relatives au traitement de l'anémie et de la tuberculose. L'électricité nécessaire à la production de l'ozone y est produite par de puissantes machines.

L'établissement comprend : une grande serre, de 32 mètres de longueur garnie de végétaux aromatiques et principalement d'Eucalyptus, une salle d'inhalation, une salle de humage ; il contient, outre les cabinets des médecins et du directeur — auxquels est adjoint un laboratoire pour l'examen spectroscopique du sang, l'analyse des liquides pathologiques et de l'ozone que l'on fait inhaler aux malades, (ce qui permet de vérifier la pureté absolue de ce gaz) — une installation complète d'hydrothérapie : salles de douche, de massage, de bains de vapeur. Le tout est chauffé à l'aide d'un thermo-syphon qui entretient dans toutes les parties de l'édifice une température rigoureusement constante..

La création de cet établissement ozonothérapique à Saint-Raphaël, constitue une innovation absolument nouvelle en France et même en Europe. Elle est, nous en sommes convaincus, assurée dès aujourd'hui du succès le plus complet. Aussi croyons-nous faire œuvre de philanthropie en la signalant à l'attention de tous les médecins désireux de suivre les progrès de la thérapeutique, impuissante jusqu'à ce jour à assurer la guérison de ces terribles affections : l'anémie et la tuberculose, qui font de si grands ravages dans toutes les classes sociales.

Saint-Raphaël, 30 octobre 1891.

MARIUS OTTO

Licencié ès-sciences,

Attaché au laboratoire de Recherches de la Sorbonne.

COMMUNICATION FAITE A L'INSTITUT

(ACADÉMIE DES SCIENCES)

Sur l'ozone considéré au point de vue physiologique

et thérapeutique ;

Par MM. D. LABBÉ et OUDIN

——∞⚬∞——

« Jusqu'à présent, lorsqu'on a voulu étudier les propriétés biologiques de l'ozone, on s'est placé dans les conditions expérimentales ordinaires, c'est-à-dire que l'on a enfermé des animaux sous des cloches ou dans des récipients hermétiquement clos, traversés par un courant d'oxygène ozonisé, préparé par voie chimique ou par l'action de l'effluve sur l'oxygène. Cette manière d'opérer est éminemment défavorable, et c'est à elle que la science est redevable de cette erreur : que l'ozone est un gaz dangereux à respirer.

» Préparé par voie chimique, l'ozone est toujours impur, mélangé parfois à des composés d'une toxicité très grande, l'acide phosphoreux par exemple. Si on le prépare avec l'oxygène pur, on en obtient des quantités considérables qui, mélangées à l'oxygène non transformé, constituent un ensemble forcément dangereux à respirer, surtout dans un espace clos. Si, au contraire, on se place dans des conditions qui se rapprochent davantage de la production naturelle de l'ozone, on arrive à des résultats diamétralement opposés. En laissant l'animal en expérience respirer à l'air libre un mélange d'air atmosphérique et d'ozone, jamais on n'observe le moindre accident.

» Nous préparons l'ozone en faisant passer un courant d'air entre deux tubes concentriques dont l'intervalle est sillonné par les étincelles. Mais nous avons remarqué que le mode de construction de cette sorte de condensateur influe beaucoup sur le débit de l'ozone, et, pour avoir ce débit plus grand, nous prenons le tube interne clos et contenant de l'air raréfié qui agit comme corps conducteur parfait et parfaitement appliqué à la surface du diélectrique qui est le verre. L'autre armure du condensateur est constituée par une feuille métallique appliquée à la face interne du tube externe. C'est entre cette feuille de métal et la surface de verre du tube interne, séparées par un intervalle de 3^{mm} à 4^{mm}, qu'éclatent les étincelles génératrices de l'ozone.

» Nos tubes, avons-nous dit, sont écartés de 3^{mm} à 4^{mm} ; dans cet espace annulaire, la légère élévation de température produite par l'effluve suffit à assurer un courant d'air ascendant entraînant l'ozone.

» Dans ces conditions, nous ne dépassons jamais ce que nous appelons la dose thérapeutique, qui est de 11 à 12 centièmes de milligrammes par litre d'air, et, bien qu'au bout d'un quart d'heure on ait respiré ainsi 2^{mgr} d'ozone, dose réputée dangereuse, nous avons pu, pendant des heures, soumettre des animaux, nous soumettre nous-mêmes à ces inhalations, et, une fois sûrs de leur innocuité, en faire respirer des milliers de fois à des malades cachectiques, à des enfants, même en bas âge, sans le moindre inconvénient.

» *Action physiologique.*— On sait que la quantité moyenne d'oxyhémoglobine contenue dans le sang est de 13 à 15 pour 100. Or, s'y l'on prend un sujet dont le sang renferme un peu moins que ce chiffre d'oxyhémoglobine, 10 ou 11 pour 100, par exemple, ce qui est la règle pour les habitants des villes ; après dix minutes ou un quart d'heure d'inhalations, on trouve une augmentation de 1 pour 100. Ce phénomène est constant ; nous l'avons observé maintes fois avec l'hématospectroscope du docteur Hénocque, qui a bien voulu contrôler lui-même nos observations. Si, avant l'inhalation, le taux de l'oxyhémoglobine était normal, on n'observe qu'une très faible augmentation, quelquefois même rien du tout. Cette augmentation de l'oxyhémoglobine persiste pendant douze à vingt-quatre heures seulement, si le malade ne fait pas d'autres inhalations ; mais, s'il les renouvelle tous les jours, la quantité d'oxyhémoglobine continue à croître peu à peu jusqu'au chiffre physiologique.

» On sait, et nous ne reviendrons pas sur sur ce point scientifiquement établi, que l'ozone est un des plus puissants germicides que l'on connaisse, et qu'à dose très faible, il arrête les fermentations les plus avancées. D'autre part, le bacile de la tuberculose esti un des plus résistants aux antiseptiques et ceux qui le tu ent *in vitro* sont d'une toxicité qui rend leur emplo chez le malade absolument illusoire ou dangereux.

L'ozone agit-il sur le microbe de la tuberculose comme sur les autres ? C'est ce qu'il nous restait à chercher.

» Nous avons fait, avec la collaboration de M. Veillon, des cultures de baciles sur la gélose glycérinée, et nous les avons divisées en deux parties de deux tubes chacune. L'une devait nous servir de témoin. Les deux autres tubes furent traversés pendant deux heures par le courant d'ozone fourni par notre appareil ordinaire. Puis quatre cobayes furent inoculés, chacun d'eux avec le contenu d'un tube. Les deux cobayes témoins sont morts au bout de vingt-cinq jours ; les deux autres vivent encore aujourd'hui, cinquante jours après inoculation. Sans attribuer à cette première expérience plus d'importance qu'elle n'en a, elle n'en est pas moins intéressante et encourageante.

» Nous insisterons, en outre, sur un mode d'action de l'ozone qui n'a pas, à notre connaissance, été encore signalé et qui peut avoir en thérapeutique une valeur très grande : nous voulons parler du déplacement moléculaire et du transport par le courant d'ozone du métal qui sert d'électrode.

» Pour arriver à ozoner un laboratoire de 300^{mr}, nous employions dix de nos tubes précédemment décrits, chacun ayant 80^{cm} de longueur environ. Ils étaient montés en quantité. Comme source d'électricité, nous avions une dynamo Gramme à courants alternatifs, réliée à un transformateur sur lequel était monté en dérivation un condensateur. Une bobine à résistance magnétique variable, intercalée dans le circuit, nous permettait d'élever progressivement le potentiel qui nous était indiqué par un électromètre de Curie.

» A 6000^{volts}, commençait le dégagement d'ozone qui, à 8000^{volts}, devenait plus que suffisant, les tubes commençaient même à chauffer. Pour éviter cette élevation de température, nous redescendions à 7000^{volts} et laissions marcher l'appareil. Au bout d'un quart d'heure, l'atmosphère du laboratoire était absolument obscurcie par une buée bleuâtre qui ne pouvait être que de l'aluminium ou des oxydes d'aluminium. L'armature de nos tubes était constituée par une feuille de métal.

» Nous avons cherché ensuite si, avec tous les métaux, le même déplacement se produisait et croyons pouvoir affirmer qu'aucun n'y échappe.

» Nous recherchons actuellement les poids de métal ainsi déplacé. Pour le mercure, voici les chiffres que nous avons obtenus :

» Opérant avec le dispositif expérimental décrit plus haut : 0^{mm}, 045 de son poids.

» Le même appareil, avec une bobine de Ruhmkorff donnant 1^{cm}, 5 d'étincelle, a perdu en trois heures 0,0884 dix-millièmes de milligramme, chiffre que nous pouvons considérer comme étant d'une approximation très suffisante, puisqu'une seconde expérience, ayant duré deux heures et demie, nous donnait une perte de 0^{gr}, 0805 ».

(30 juillet 1891.)

DU TRAITEMENT

DE LA

TUBERCULOSE PULMONAIRE

PAR LES

INHALATIONS D'AIR OZONISÉ

Communication faite au Congrès de la Tuberculose, à Paris, le 18 août 1891

PAR MM. Donatien LABBÉ & OUDIN

Anciens Internes des Hôpitaux de Paris

Un travail antérieur et deux communications récentes faites, l'une à l'Académie des Sciences par M. le Professeur Schutzemberger, l'autre par nous à l'Académie de Médecine, ont suffisamment établi et démontré l'innocuité absolue des inhalations d'air ozonisé préparées au moyen de l'effluve électrique éclatant entre les surfaces concentriques d'un tube vide d'air et d'un cylindre métallique, le tube étant relié au pôle négatif d'une bobine de Rhumkorf et le métal au pôle positif. Le rendement des tubes ainsi faits ne dépasse jamais ce que nous appellerons la dose thérapeutique qui est d'environ 11 à 12 centièmes de milligramme par litre d'air, bien que la polarité indiquée ci-dessus l'augmente notablement.

Le gaz ainsi préparé au moyen d'un courant alternatif de 6.000 volts au moins, agit par son action propre, éminemment comburante et reconstituante et bénéficie des propriétés thérapeutiques du métal servant d'électrode. En effet, les alternances du courant à tension très élevée provoquent un ébranlement moléculaire du métal très suffisant pour que des quantités notables en soient entraînées par le courant d'ozone. Nous avons pu établir expérimentalement, dans le laboratoire de M. Schutzenberger que nous entraînions ainsi en 2 heures de 85 à 90 milligrammes de mercure qui nous servait alors d'électrode. (Habituellement nous employons l'aluminium.)

Si l'on songe, d'une part, à l'activité extrême des corps à l'état naissant, d'autre part, à la grande faculté d'absorption de la muqueuse bronchique, et à ce fait que les molécules de métal ou d'oxyde entraînées par l'ozone doivent venir se fixer immédiatement sur les globules sanguins, on conviendra qu'il y a peut-être là une nouvelle voie thérapeutique féconde.

L'ozone est le plus puissant des comburants : c'est de l'oxygène dont la formule est O^3.

Nous avons cherché d'abord quelle pouvait être l'influence de ces propriétés éminemment oxydantes sur la nutrition en général, et en particulier, chez des sujets en état de misère physiologique, chez des anémiques.

Quant le taux d'oxyhémoglobine est inférieur à la normale, c'est-à-dire de 9 ou 10 o/o, ce qui est à peu près la règle chez les tuberculeux, une inhalation d'un quart d'heure d'ozone le fait augmenter de 1 o/o; cette augmentation, temporaire d'abord, devient permanente après un certain nombre de séances d'inhalation et on peut affirmer .qu'en moyenne, au bout de 15 jours ou 3 semaines de traitement, le malade a atteint le chiffre physiologique. Ceci s'accompagne nécessairement, chez les anémiques, d'oxydations plus énergiques, de combustions plus actives qui appellent un renouvellement plus rapide des matériaux nutritifs, d'où très vite, augmentation de l'appétit qui prend même chez certains malades des exigences inconnues jusqu'alors, retour des forces, disparition des accidents, enfin *restitutio ad integrum*.

Ces résultats auraient suffi à eux seuls pour nous engager à essayer l'ozone sur des tuberculeux, espérant que l'amélioration générale nous permettrait de gagner du temps, ce qui est déjà si important avec ces malades. Mais une autre haute considération, de la plus grande valeur, devait aussi nous pousser dans cette voie, c'est l'action manifestement parasiticide et antiseptique de l'ozone. L'usage interne des meilleurs antiseptiques se trouve forcément limité à une dose que leur toxicité rend souvent illusoire. L'ozone, au contraire, germicide éminemment réparateur et reconstituant, agit en même temps sur le bacile pour le détruire et sur le terrain pour lui donner l'intégrité qui doit le rendre réfractaire à la prolifération du bacile.

Nous ne pouvons entrer ici dans le détail des expériences qui nous font affirmer cette action puissamment germicide de l'ozone. Elle a d'ailleurs été suffisamment démontrée avant nous, pour que nous n'ayons pas à insister davantage. Disons cependant que ces expériences, nous les avons refaites au point de vue de la bactériologie spéciale de la tuberculose, et par les procédés de la science actuelle : cultures, examen bacilaire des crachats, etc. et qu'elles nous ont donné les mêmes résultats.

A ces considérations théoriques, nous venons, Messieurs, apporter la consécration clinique nécessaire, basée sur un ensemble de 38 observations de tuberculeux traités par l'ozone.

Les premières observations remontent à 3 ans.

Elles portent sur 7 malades au 1ᵉʳ dégré

  »   23 » 2ᵐᵉ »

  »   8 » 3ᵐᵉ »

Tous, sans exception, ont éprouvé une amélioration considérable de leur état, permanente pour le plus grand nombre, et cela depuis assez longtemps chez 13 d'entre eux, pour qu'on puisse les considérer comme guéris. L'amélioration n'a été que temporaire pour quelques malades qui étaient arrivés à un état de cachexie profonde.

La première manifestation du traitement est le retour de l'appétit qui devient bientôt impérieux, obligeant les malades à 4 ou 5 repas par jour. Puis on voit diminuer et rapidement disparaître la diarrhée, les vomissements et les sueurs. Cette triple amélioration s'accompagne bientôt du retour des forces et de l'embonpoint, et chez nos malades l'aug-

mentation de poids s'accusait à la fin du traitement
par les chiffres suivants :

1	Malade a gagné	0 k^g	500
6	«	1 k	500
3	«	2 k	000
2	«	2 k	500
1	«	2 k	700
1	«	3 k	000
2	«	3 k	500
3	«	4 k	000
1	«	4 k	500
1	«	5 k	000
2	«	7 k	000
1	«	9 k	000
1	«	10 k	500
2	Malades sont restés stationnaires		
1	« a perdu	0 k	500
10	» n'ont pas été pesés.		

En résumé, nous avons obtenu une augmentation
de 3 kilogrammes par malade.

A ce retour de l'embonpoint correspond une progression constante et concordante de l'oxyhémoglobine, qui a été examinée chez tous nos malades par
le procédé d'hématospectrocopie d'Hénocque.

2	Malades ont gagné	1 O/O	étant partis de	10-11
5	«	1,5 O/O	«	6,5-0/0, 5-9, 5-11
4	«	2 O/O	«	9-9, 5-11
5	«	2,5 O/O	«	6, 5-8, 5-9-9, 5
10	«	3 O/O	«	7, 5-8, 5-9, 5
1	«	3,5 O/O	«	6
6	«	4 O/O	«	5-6, 5-7-8-9, 5
1	«	5 O/O	«	7
4	n'ont pas été examinés.			

Ce qui fait en moyenne près de 3 o/o d'augmentation par malade.

Les symptômes fonctionnels s'amendent aussi très heureusement et très rapidement ; la toux devient de plus en plus rare pour ne plus se produire qu'au réveil avant de disparaître complètement. L'expectoration purulente devient muqueuse et de moins en moins abondante. Plusieurs de nos malades avaient eu des hémoptysies, même fréquentes et sérieuses. Chez aucun elles ne se sont reproduites dans le cours du traitement. Les points douloureux, la dyspepsie disparaissent aussi au fur et à mesure que l'état local s'améliore. Il en est de même de la fièvre.

Nous en dirons autant des signes physiques pour lesquels une énumération serait fastidieuse. On en trouvera les détails tout au long dans nos observations.

Disons cependant que chez les malades au premier degré, au bout de deux mois, au maximum, il n'y avait plus de bruits anormaux. Même chez des malades au troisième, nous avons noté des modifications sthétoscopiques notables, comme la disparition du gargouillement.

Un dernier procédé d'examen clinique auquel nous avons recours chaque fois que l'intelligence des malades le permet, rendra compte mieux que toute description de l'amélioration pulmonaire : c'est la mesure de la capacité respiratoire faite au commencement et à la fin du traitement.

	10 malades ont gagné	100 c^t cubes	
	1	«	200	«
	3	«	300	«
	1	«	600	«
	2	«	800	«
	1	«	1.800	«

Ce qui fait près d'un demi-litre de gain par malade. Ce sont surtout les tuberculeux au premier et deuxième degrés qui ont ainsi gagné en capacité respiratoire, les malades au troisième degré restent à peu près stationnaires et ce sont eux qui baissent le chiffre de notre moyenne.

Voici en résumé les résultats thérapeutiques que nous avons obtenus :

Sur nos 38 tuberculeux, on en comptait, comme nous l'avons dit au début,

7 au premier degré,

28 au deuxième degré

8 au troisième degré.

Nous pouvons en considérer comme guéris :

7 au premier degré, 6 au deuxième degré.

Comme très améliorés et restant améliorés :

16 au deuxième degré, 3 au troisième degré.

Les 6 autres ont succombé et parmi eux s'en trouve un au deuxième degré qui s'est suicidé ; les 5 derniers étaient déjà profondément cachectiques au début du traitement.

A nos observations personnelles, M. le docteur Desnos a bien voulu nous permettre, et nous l'en remercions vivement, de joindre celles de 15 malades traités depuis le mois de février 1891 dans son service à la Charité par les inhalations d'ozone. Ces observations portent sur 8 cas d'anémie et 7 de tuberculose pulmonaire.

Les anémiques ont tous été très vite améliorés; 4 malades qui ont été pesés ont gagné en moyenne 1 k⁸ 800 pour un mois de traitement. On a examiné le sang de 4 malades qui ont gagné pendant le même temps 3 0/0 d'oxyhémoglobine.

Les 7 tuberculeux ont été aussi très améliorés, mais le peu de temps qu'ils ont pu être suivis ne permet pas d'en tirer de conclusions rigoureuses.

4 ont été pesés ; pour une moyenne de 23 jours, ils ont gagné 1 k⁸ 500.

Le sang de 3 malades a été examiné ; ils ont gagné en 14 jours 1.33 0/0 en moyenne d'oxyhémoglobine.

M. le docteur Desnos nous engage à dire en son nom qu'il considère, d'après son expérience, l'ozone comme un agent curatif puissant appelé à rendre de grands services dans le traitement de l'anémie et de la tuberculose.

A l'éloquence des chiffres que nous venons de citer, nous ne voulons ajouter que quelques mots pour faire ressortir ce fait que nos malades ont tous, ou à peu près tous, été pris dans la classe pauvre, c'est-à-dire vivant dans les conditions d'hygiène détestables, qu'ils n'ont suivi d'autre traitement que leur inhalation d'un quart

d'heure par jour, et cela, pour un certain nombre,
pendant un hiver long et rigoureux.

Aussi, sommes nous absolument convaincus, et
plusieurs cas observés actuellement nous autorisent
à l'affirmer, que l'on pourra obtenir par des inhalations plus longues et plus souvent répétées des résultats thérapeutiques beaucoup plus rapides, plus
complets et plus concluants encore.

COMMUNICATION FAITE AU CONGRÈS

DE

L'ASSOCIATION FRANÇAISE

POUR

L'AVANCEMENT DES SCIENCES

à Marseille, le 24 septembre 1891

Par M. le Dr BONTEMS, de Saint-Raphael

MESSIEURS,

Diverses communications faites à l'Académie des sciences par M. Schutzemberger et à l'Académie de médecine par MM. Donatien Labbé et Oudin sur le traitement de certaines cachexies par l'air ozonisé, ont établi qu'on pouvait, au moyen de l'effluve électrique jaillissant entre la surface externe d'un tube cylindrique contenant de l'air raréfié et la surface externe d'un tube concentrique en métal, obtenir l'ozone à la dose thérapeutique, c'est-à-dire dans la proportion d'environ 10 centièmes de milligrammes par litre d'air.

Les expériences instituées par MM. Labbé et Oudin
ont en outre démontré que l'air ozonisé est non seulement d'une innocuité absolue, mais qu'il exerce sur
la nutrition une action oxydante que la thérapeutique
pouvait utiliser dans le cas où l'organisme a été miné
par des affections cachectiques, telles que la tuberculose, la scrofule ou l'anémie.

J'ai été frappé par les résultats thérapeutiques obtenus par ces expérimentateurs, résultats se manifestant
par une rapide amélioration de l'état général et coïn-
cidant avec une augmentation constante et permanente
du taux de l'oxyhémoglobine contenue dans le sang.

Mais ç'est surtout dans le traitement de la tuberculose pulmonaire que la nouvelle thérapeutique insti-
tuée par MM. D. Labbé et Oudin m'a paru présenter
des indications précises. En effet, l'air ozonisé agit
non seulement par ses propriétés oxydantes sur la
nutrition générale, il agit encore par ses propriétés
antiseptiques et germicides. On sait que les praticiens
ont été jusqu'à ce jour à la recherche d'un antiseptique assez actif pour agir efficacement sur le micro-
organisme et assez inoffensif pour pouvoir être introduit dans la circulation sans produire d'effets toxiques.
Ce problème, dont la solution était encore à trouver,
me paraît résolu par l'emploi de l'air ozonisé qui,
introduit dans l'organisme par la muqueuse bronchique, agit à la fois sur le bacile comme agent destruc-
teur et sur le terrain comme agent réparateur.

Ces diverses considérations m'ont amené à expé-
rimenter la méthode thérapeutique préconisé par
MM. D. Labbé et Oudin, dans mon service à l'hôpital
de Saint-Raphaël.

Après avoir étudié la méthode dans la clinique de mes confrères à Paris et dans les divers hôpitaux de la capitale où elle est appliquée (notamment à l'hôpital de la charité chez M. le Dr Desnos) j'ai installé divers appareils ozonothérapiques.

Je viens aujourd'hui vous faire connaître les résultats cliniques obtenus. Vous verrez qu'ils confirment de la manière la plus éclatante ceux qui ont été présentés à l'Académie des sciences et à l'Académie de médecine par mes confrères de Paris.

Les observations que vous trouverez résumées dans le tableau ci-après portent sur deux catégories de malades : des tuberculeux et des anémiques. Elles ont été prises avec toute la rigueur désirable : l'analyse spectroscopique du sang a été faite avant le traitement et à des intervalles réguliers pendant la durée de ce traitement. Les malades ont été pesés avec soin. J'ai été aidé dans ma tâche par mes confrères les docteurs Lagrange et Mireur et je saisis cette occasion pour leur adresser mes remercîments.

Tableau des Malades traités à l'Hospice de Saint-Raphaël

PAR L'AIR OZONISÉ

du 15 Juillet au 15 Septembre 1891

Numéros	NOMS	Age	DIAGNOSTIC	Durée du Traitement	Poids avant (kil.)	Poids après (kil.)	Oxyhémoglobine avant	Oxyhémoglobine après	OBSERVATIONS
1	L. M.	26	Tuberculose	2 mois	50	53	7	10	Craquements humides au sommet du poumon droit. Amélioration rapide. — Appétit revenu. — Disparition à peu près complète des phénomènes sthétoscopiques
2	F. M.	33	Chloro-Anémie	1 mois	48	52	6	11	Résultat remarquable par la rapidité de la guérison et la disparition des accidents tels que : Etat syncopal persistant, Œdème des membres inférieurs, etc.
3	M. P.	20	Chloro-Anémie	1 mois	55	56	6.5	8.8	Malade adressée par M. le Dr Coulomb, de Draguignan. N'a pu continuer son traitement au-delà d'un mois. Faiblesse extrême, pertes abondantes, amélioration rapide
4	P.	32	Anémie	1 mois	52	53	8	9.5	Faiblesse générale extrême, nervosité extrême ; malgré les bons résultats obtenus en peu de temps, se voit forcée de d'interrompre le traitement ne pouvant supporter le bruit du trembleur de la bobine.
5	M. P.	28	Tuberculose	2 mois	50	52	10	13	Faiblesse générale datant de 3 mois. Toux sèche. Obscurité de la respiration, fièvre ; amélioration rapide, disparition de tous les accidents.
6	J. A.	17	Chloro-Anémie	2 mois	48	53	6.5	8.5	Faiblesse générale extrême. — Perte absolue de l'appétit et vomissements constants. Le résultat obtenu est remarquable ; continue le traitement.
7	J. C.	15	Chloro-Anémie	1 mois 1/2	45	47	6	7	Grande faiblesse. — Toux nerveuse constante, mais rien à la poitrine. L'amélioration est rapide et se maintient.
8	F. G.	42	Tuberculose	1 mois 1/2	55	58	7.5	8.5	Craquements humides au sommet du poumon gauche. Toux constante et expectoration abondante. L'amélioration est rapide, l'appétit revient impérieux, les phénomènes pulmonaires s'amendent rapidement au point que le malade, se croyant guéri, ne veut pas continuer plus longtemps le traitement.
9	B. T.	17	Chloro-Anémie	1 mois	52	53	7.5	8	Pâles couleurs, grande faiblesse, appétit nul dès le début du traitement, la santé revient et se maintient très bonne. Continue le traitement.
10	M. A.	27	Tuberculose	1 mois	52	53 1 2	7	8 1/2	Faiblesse générale extrême, appétit nul, marche très difficilement. Toux sèche, quelques craquements aux sommets. Fièvre légère. Rapidement améliorée par le traitement, qui se continue.
11	L. J.	18	Tuberculose	1 mois	45	50	7	9.5	Malade depuis le commencement de l'hiver, a perdu ses forces, appétit nul et vomissements. Toux quinteuse, fièvre, sueurs nocturnes. Résultats obtenus très remarquables. Repartie pour son pays, mais devant revenir bientôt reprendre le traitement.
12	C. J.	19	Chloro-Anémie	1 mois	58	60	6.5	8.5	Grande faiblesse, appétit nul et vomissements fréquents. Pertes abondantes. Amélioration rapide, continue le traitement.

L'installation de nos appareils, à l'hospice de Saint-Raphaël, ne date que du mois de Juillet. Nous n'avons donc pu avoir à notre disposition qu'un nombre assez restreint de malades ; aussi ne pouvons-nous apporter qu'une consécration clinique basée seulement sur un ensemble de 12 observations de tuberculeux et d'anémiques traités par l'ozone. Elles portent sur 5 malades tuberculeux au premier degré ; 7 chloro-anémie à divers degrés, tous sans exception, ont éprouvé une amélioration considérable de leur état.

Nous avons, dans tous les cas, reconnu la complète exactitude de l'assertion de nos confrères, à savoir : que la première manifestation du traitement est le retour de l'appétit qui devient bientôt impérieux, obligeant les malades à 4 ou 5 repas par jour.

Les vomissements, lorsqu'ils existent, disparaissent presque immédiatement. Cette amélioration s'accompagne bientôt du retour des forces et de l'embonpoint, et chez nos malades l'augmentation de poids s'accusait à la fin du traitement par les chiffres suivants :

4 malades ont gagné	1 k.	
1 »	1 k. 500	
2 »	2 k.	
2 »	3 k.	
1 »	4 k.	
2 »	5 k.	

A ce retour de l'embonpoint correspondent une progression constante et concordante de l'oxyhémoglobine, qui a été examinée chez tous nos malades par le procédé d'hématoscopie d'Hénocque.

I malade a gagné 0,5 o/o étant parti de 7,5
2   »   1   o/o   »   6-8.5
3   »   1,5 o/o   »   8-6.5-7
2   »   2   o/o   »   6.5-6.5
I   »   2,5 o/o   »   7
2   »   3   o/o   »   7-10
I   »   5   o/o   »   6-

Les symptômes fonctionnels s'amendent aussi très-rapidement et très-heureusement. Chez les tuberculeux la toux devient de plus en plus rare, l'expectoration de moins en moins abondante. Chez nos cinq tuberculeux, tous au premier degré, après un mois de traitement il n'y avait plus de bruits anormaux.

Voici en résumé les résultats thérapeutiques que nous avons obtenus :

Sur nos cinq tuberculeux au premier degré, la disparition de tout signe stéthoscopique et l'amélioration de l'état général, permettent de considérer la guérison comme assurée.

La guérison des anémiques paraît aujourd'hui certaine.

Il est bien certain que ces résultats, déjà si remarquables, auraient été plus probants encore, si nos malades avaient pu être l'objet de soins plus assidus; si surtout la durée du traitement n'avait pas dû être limitée strictement à une inhalation d'une durée maxima d'un quart d'heure par jour. Enfin, le traitement par l'ozone nous semble devoir être complété, pour être entièrement efficace, par d'autres procédés thérapeutiques, tels que l'hydrothérapie, le massage, &ᵃ, &ᵃ, suivant la forme de l'affection et le tempérament de chaque malade.

L'installation que nous avons faite assez rapidement à l'hôpital de Saint-Raphaël, était du reste insuffisante pour traiter un grand nombre de malades. Nos appareils ne présentaient pas le degré de perfectionnement qu'on peut espérer dans une installation spéciale. C'est ainsi, que le bruit du trembleur incommodait beaucoup de malades nerveux et excitables. Dans un des cas observés nous avons dû, pour cette cause, en apparence insignifiante, interrompre le traitement.

Aussi est-ce avec une véritable satisfaction que nous avons, grâce à l'initiative de M. Martin, maire de Saint-Raphaël et de plusieurs de mes confrères, vu jeter les bases d'un établissement modèle, presque exclusivement consacré à l'ozonothérapie, appliquée selon les règles préconisées par Messieurs les Docteurs Donatien Labbé et Oudin.

Cet établissement presque achevé aujourd'hui, sera inauguré dans deux mois. Il contiendra tous les perfectionnements récemment introduits dans la production de l'ozone et pourra recevoir un nombre considérable de malades.

J'espère vous faire connaître à notre prochaine session les résultats obtenus sur les malades en cours de traitement et vous apporter un nombre considérable de faits. Mais je me crois dès aujourd'hui autorisé à poser les conclusions suivants.

1ᵉ L'air ozonisé, employé à la dose thérapeutique, (de 10 à 12 centièmes de milligrammes par litre) est d'une innocuité absolue.

2° Il possède une action curative constante dans la

tuberculose et la chloro-anémie et dans toutes les affections chroniques et les cachexies.

3° Il augmente d'une façon pour ainsi dire mathématique l'oxyhémoglobine, augmentation qui à coïncidé dans les cas observés avec le relèvement des forces et une amélioration de la nutrition générale.

4° Il agit dans la tuberculose comme un germicide puissant en détruisant le bacille et en modifiant le terrain qui devient alors réfractaire à la prolifération du micro-organisme.

Imprimerie V. CHAILAN, rue Charles-Gounod, Saint-Raphaël